一只狼獾露出獠牙。

美国国家地理 精彩少儿百科

凶猛的掠食动物

地面上雪很厚，两匹狼正在雪地中奔跑。

美国国家地理 精彩少儿百科

凶猛的掠食动物

[美] 布莱克·赫纳
动物学家 [肯尼亚] 席瓦妮·巴拉   著
阳 曦 译

大石精品图书   时代出版传媒股份有限公司
安徽科学技术出版社

目录

绿树蟒生活在热带雨林及其周边地区，它们常盘踞在树枝上或者灌木丛中。

猎豹是陆地上奔跑速度最快的动物。

前言

危险而致命，这是大型猫科动物、熊和狼等掠食者留给我们的第一印象。 但是除了这些我们熟知的猛兽以外，还有许多其他的掠食者。很多掠食动物身强体壮，让人望而生畏，例如北极熊；另一些掠食者行动隐秘、身手敏捷，而且有毒，例如眼镜王蛇。掠食者的体形可能很大，例如抹香鲸；也可能很小，例如跳蛛。掠食者的种类十分多样化，它们在食物链和食物网中占据着举足轻重的地位。

掠食者的多样性没准会吓你一跳，很多动物可以归入掠食者——可能比你想象的还多。我们都很熟悉那些强大的猛兽，例如狮子、老虎、鹰和鲨鱼，这些顶级掠食动物拥有尖牙利爪，可以轻而易举地撕碎猎物。那些小型鱼类、萤火虫、海星和刺猬，你可能觉得这些不起眼的小动物怎么看也不凶猛。但事实上，它们的确都是掠食者！自然界里的动物对食物充满渴求，它们会毫不留情地捕食其他动物。现在，就跟着我们一起走进掠食动物的多样世界吧！

探险角

嗨！我是席瓦妮·巴拉。

我来自肯尼亚，幸运的是，小时候我有机会在家乡的草原上巡游，看到过野生动物，我也因此对大型猫科动物产生了浓厚的兴趣。八岁时，我第一次见到猎豹，那一刻我将永远铭记；也就是在那时候，我下定决心，以后一定要成为一名野生动物保育者，保护这些动物。凭借对大型猫科动物和保育工作的热爱，我在肯尼亚北部的桑布鲁地区启动了埃瓦索狮类保育项目，帮助人类和大型猫科动物在同一个环境中和平共处。在本书的"探险角"栏目里，我将和大家分享我的工作和生活中的故事。你知道这张照片里我正在拍摄哪种动物吗？提示：凑近点儿看，这是一种濒危掠食动物。答案请见第 36 页。

① 初尝美味

虎头海雕是一种强壮的大型鸟类，以鲑鱼和其他鱼类为食。它们喜欢在俄罗斯东部的海岸边筑巢繁衍。

什么是掠食者？

最简单的答案是：所有猎食其他动物的生物都叫掠食者。在野外，饥饿与生存需求使掠食者具有杀戮的本性。

集体的力量

掠食者的体形通常比猎物大。想想捕捉昆虫的壁虎和追逐兔子的狐狸，你很容易就能明白。但体形并不是最重要的影响因素。狼总是成群结队地狩猎，凭借集体的力量，它们可以扑倒麋鹿或者双峰驼，尽管这些猎物的体形比狼要大好几倍。狮子、海豚、狒狒和蚂蚁也会集体捕猎，数量上的优势能够帮助它们捕捉比自己体形更大的猎物。除此以外，集体捕猎还有其他好处。掠食者可以协同合作、发起攻击，即使面对体形较小的猎物时也同样如此。

几只长吻真海豚正在绕着鱼群转圈。数千只海豚可能会聚集起来，形成庞大的群落；当然，它们也可以分成较小的群体，单个小群体中的成员共同捕猎进食。

掠食者的小秘密 秃鹫属于食腐性鸟类，它们会成群结队地啄食动物的尸体。

鬣狗

省事的午餐

    蛇、大型猫科动物和许多犬科动物（例如狼和狐狸）喜欢新鲜的肉类，但有的掠食者没这么挑剔，它们会吃其他动物剩下的残羹。比如，鬣狗会吃狮子吃剩的猎物残骸，秃鹫会吃被海浪冲到岸上的死鱼，尽管它也会自己捕捉鲜鱼。有的动物甚至只吃其他动物的尸体，例如蝇类的幼虫——蛆就是这样。它们为什么会有这种习性？因为捕猎会消耗许多能量，还有失败的风险。每一次失败的尝试都会浪费能量，掠食者也会因此变得更饿。死去的动物不会逃跑，也不会反抗，掠食者吃起来更加轻松。浣熊、蠕虫、螃蟹和秃鹫之类的食腐性动物是大自然的清道夫，它们会把野外的动物残体一扫而空。自然界不会轻易浪费任何东西。

晚餐已经准备好啦

    说起掠食者，你可能立即会想起一些食肉动物。的确，它们中的一些只吃其他动物的肉，例如鲨鱼、鳄鱼和鹰类。但大部分掠食者没有这么挑剔，它们既吃肉也吃植物，食物的选择范围更广，因此这些掠食者属于杂食动物。海龟就是杂食性的掠食者，昆虫、蠕虫和鱼都可能成为海龟的食物。与此同时，海龟也会吃水莲花和其他植物。那么你家院子里那些在树上唱歌的漂亮鸟儿呢？大部分鸣禽是杂食性掠食者，它们会追捕空中的昆虫，也会吃种子和果实，要是你在院子里放个喂鸟器，它们就会来取食。

    一只戴胜正叼着一只昆虫回巢。这种鸟儿会用长喙啄食昆虫。

虱子

我要吸你的血

    如果某种动物只吃猎物身上的一点点东西，那它算是掠食者吗？大部分掠食者会杀死猎物，体形也比猎物更大。不过一些微型掠食者不会杀死猎物，而且长得比猎物还小，例如吸血蝙蝠和蚊子。这些小家伙会吸食猎物的鲜血，但不会杀死猎物。绦虫和虱子之类的寄生虫必须生活在宿主身上，但微型掠食者不一样，它们不需要宿主。

某些植物也是掠食者，猪笼草和捕蝇草都会捕食动物。掠食性植物主要以昆虫为食，但也有一些植物体形较大，可以捕捉小鼠和蛙类。

晚餐吃什么？

要么吃掉别的动物，要么被别的动物吃掉，大自然的机制在掠食者的世界里显得分外残酷。不过很多时候，掠食者和猎物之间并没有明显的界限，它们难免会互相残杀。举个例子，食鼠蛇会溜进鹰巢偷蛋吃，甚至可能吃掉弱小的雏鹰；反过来，成年鹰类又常常捕食蛇类。

来自太阳的能量

食物链和食物网清晰地揭示了生物如何获得食物。每种生物都是食物链的一部分，多条食物链交织起来形成食物网，而太阳则是这一切的源头。有了阳光、雨水和土壤中的营养物质，植物才能生长，而植物的种子和果实是很多动物的食物来源。

有的蛇会吃鸟蛋，不过鹰之类的鸟儿也会捕食蛇类。

什么是生态系统？

完整的生态系统包括身处该系统中的所有生物，从植物到动物，再到分解动植物尸体的微生物。生态系统中存在多条食物链，有的生物可能同时属于好几条食物链，这些链条彼此交织，形成食物网。

掠食者的小秘密 人类站在食物链的顶端。

谁会吃掉谁?

顶级掠食者

　　食物链的最顶端盘踞着所谓的"三级消费者"，它们又被称为"顶级食肉动物"，或者"顶级掠食者"，这份名单包括大型猫科动物、鲨鱼和鹰类，它们是各自领域中的王者。顶级掠食者几乎没什么天敌，它们主要以初级消费者和次级消费者为食，但偶尔也有例外。熊属于顶级掠食者，同时也是杂食动物，除了鱼肉和鹿肉以外，它们也会吃水果和树叶。

谁是初级消费者?

　　食物链中的初级消费者是清一色的植食性动物，换句话说，它们都是素食者。这些动物大多体形较小、数量众多，例如蚱蜢和兔子。但这个群体里也有一些巨无霸，例如大象和长颈鹿。

谁是次级消费者?

　　很多次级消费者是杂食性动物，植物和肉类都是它们的食物。黑猩猩就是杂食性动物，因为它们吃植物，也吃白蚁、蚂蚁甚至鸟蛋。一些小型食肉动物也属于次级消费者，例如章鱼和蟾蜍；与此同时，这些小家伙也会被其他体形较大的动物捕食。

谁是初级生产者?

　　植物是所有食物链的根基。大部分植物所需的能量主要来自太阳，植物被称为"生产者"，因为它们会为其他生物生产、提供食物。如果没有这一片片绿叶、一粒粒种子、一颗颗果实，地球上的其他生物将不复存在。下次爸爸妈妈劝你多吃蔬菜的时候，请一定要记得这件事，植物对地球很重要。

谁是分解者?

　　每条食物链上都有分解动植物尸体的微生物，包括细菌和真菌。分解者让营养重新回归土壤，这些营养又可以帮助植物生长，进而供养植食性动物。所以，分解者重新开启了整个循环过程。

掠食动物大家族

很多动物因拥有共同的特征而被归为一个大类。比如说，所有爬行动物都长着某种形式的鳞片，所有鸟儿都有羽毛。而说到掠食者，它们共同的特征可能是拥有尖牙利齿、发达的感官，这些特征非常有利于高效地寻找、捕捉、杀死猎物。

游隼

掠食性鸟类

很多鸟儿以昆虫、鱼类、蛙类和其他小动物为食。在这些长着羽毛的朋友当中，雕类、鹰类和鸮（xiāo）类等猛禽是身体构造最精妙的杀戮者。它们拥有钩子似的鸟喙，能够撕开猎物的肉；拥有锋利的爪子，可以紧抓猎物。某些猛禽是飞鸟中的巨无霸，例如翼展可达 3 米的安第斯秃鹰；而那些在地球上飞行速度最快的猛禽，比如游隼，它在俯冲追击猎物时的速度可达 322 千米 / 小时。猛禽还有一个关键的共同特征：它们的视力绝佳。所以有些鸟儿在高空盘旋时，可以轻而易举地发现在地面上乱窜、毫无防备的老鼠。

掠食者的小秘密 蓝鲸是世界上体形最大的掠食动物。

长牙齿的鱼

我们都知道鲨鱼拥有锋利的牙齿，但凶猛的鱼类绝不止鲨鱼这一种。虎鱼和水虎鱼都长着向内弯曲的尖牙，可以轻而易举地撕下猎物的肉。不过梭子鱼和吸血鬼鱼更加凶猛——这两种鱼长着成排的锋利长牙，能够紧紧咬住猎物并将对方撕碎。

吸血鬼鱼

尖牙利爪

食肉哺乳动物都是些爱吃肉的家伙，因为这样的习性，它们的身体器官也在逐渐进化，从而拥有相应的身体特征。食肉动物的咬合力惊人，上下颌都长着剑一般锋利的长牙，非常适合咬住猎物，把肉从骨头上撕下来。这些动物的爪子也很锋利，每只脚爪上至少有四个趾头；除此以外，食肉动物还很聪明，经常成群结队地生活。熊、狼、猫（包括家猫）和獾都是常见的食肉动物，黄鼠狼、臭鼬、海豹（没错，海豹的鳍足上真的长着爪子）和水獭也是这个家族的成员。

美洲豹

灰熊

玉米蛇

蜿蜒爬行的蛇

蛇没有四肢，却是技艺娴熟的猎手。它们会藏在暗处，耐心等待猎物出现，然后发出致命一击。抓住猎物以后，蛇会张开灵活的嘴巴，一口吞掉对方，哪怕猎物比它自己还要粗壮。蛇类全身的肌肉都很发达，一圈圈的肌肉会缓缓地将猎物挤进自己的身体，如果遇上大型猎物，蛇的进餐时间可能长达一个小时。有的蛇会把猎物活生生吞掉，也有一些蛇会先咬死猎物，或者用毒液将猎物麻醉后再吃。

探险角

我在肯尼亚桑布鲁的荒野里生活了十三年多。那是一片半干旱的沙漠，气候干燥、环境险恶，却是掠食动物的天堂。桑布鲁游荡着众多的美洲豹、狮子甚至野狗，我的工作主要是保育狮子。我与当地居民合作，鼓励他们与狮子和平共处。整个非洲的狮子数量在减少，要想给狮子和其他掠食动物创造光明的未来，我们必须和当地居民共同努力，这是保育成功的关键。

世界各地的掠食者

有猎物的地方就有掠食者，北极熊在冰天雪地的北冰洋畔捕捉环斑海豹，豹斑海豹在南极大陆追逐企鹅，掠食者的足迹遍布世界每一个角落。现在，我们就来了解一些拥有奇特能力的稀有掠食者吧！

北美洲

星鼻鼹（yǎn）

星鼻鼹的口鼻部有许多向外伸出的触须，看起来就像是科幻电影里的怪物。实际上，星鼻鼹的视力很差，触须正好弥补这一缺陷。触须上的触觉传感器可以帮助星鼻鼹确定它眼前的东西是甲虫还是石头，到底能不能吃。

南美洲

亚马孙巨人蜈蚣

节肢动物有很多对足，再加上头顶的触须，看起来挺吓人的。想象一下，一只长达 30 厘米的节肢动物如果出现在你眼前，会不会很恐怖？这种掠食者长着 46 只带爪的脚，这些脚既能辅助攀爬，又能抓住猎物；大蜈蚣们甚至可以倒挂在洞穴顶上，捕捉半空中飞过的蝙蝠。

座头鲸

掠食者各有各的捕猎花招，而座头鲸的看家本领别具一格。它们会成群结队地绕着鱼群转圈，用身体激起一道"水墙"将鱼儿困在中央，然后再张开血盆大口饱餐一顿。

座头鲸

星鼻鼹

北美洲

亚马孙巨人蜈蚣

南美洲

星鼻鼹

座头鲸

射水鱼

掠食者的小秘密 星鼻鼹会通过浮上水面的气泡来嗅探水底的气味。

欧亚猞猁

见到这只"猫"，你可别"喵喵"地叫它。虽然欧亚猞猁的样子没有它的某些大型表亲那么威猛可怕，它却敢于捕食比自己还大的猎物。如果见到鹿或者野猪，欧亚猞猁会毫不犹豫地扑上去，哪怕对方的体形比自己大一倍以上。

欧亚猞猁

欧亚猞猁

大洋洲

虾蛄

澳大利亚生活着许多凶猛的掠食者，例如湾鳄和剧毒的内陆太攀蛇。不过在这些掠食者中，最令人印象深刻的却是小小的虾蛄。这种动物的前腿就像两根棒子，能敲碎螃蟹的壳。

虾蛄

亚洲／大洋洲

射水鱼

这种鱼的体长只有15厘米左右，但它喷水的技术相当不错。射水鱼喷出的水流能够击中1.5米外的昆虫和小蜥蜴。一旦这些倒霉的家伙从树枝上掉下来，射水鱼就会一口把它们吃掉。

射水鱼

虾蛄

大洋洲

座头鲸

掠食者生活在哪里
- 亚马孙巨人蜈蚣
- 射水鱼
- 欧亚猞猁
- 蜜獾
- 座头鲸
- 虾蛄
- 星鼻鼹

非洲／亚洲

蜜獾

别被它的名字迷惑，蜜獾的性格其实一点儿也不温柔，它只是喜欢吃蜂蜜而已。强壮和无畏是蜜獾最突出的特征，哪怕面对狮子和美洲豹，它也会勇敢地站出来捍卫自己的地盘。蜜獾一点儿也不挑食，它什么都吃，包括毒蛇和蝎子。

关于掠食者的数字

3000 全世界共有约3000种蛇。

450 全世界生活着约450种猛禽。

400 全球的海洋里生活着约400种鲨鱼。

270 这颗星球上生活着约270种食肉动物。

图解掠食者

尖喙与利齿

尖喙与利齿是某些掠食者的看家利器，要是没有这两样东西，很多掠食者根本无法杀死猎物，只能活活饿死。

喙的形状和大小各异，不同的喙的啄食方法也略有不同。不过概括来说，它能够帮助鸟儿和其他有喙生物捕食猎物。

撕扯

鸦类和鹰类的猛禽长着钩状的尖喙，适合刺破皮肤、撕开肉。

攻击

苍鹭和白鹭的喙又长又尖，适合攻击、啄食水里的鱼类和蛙类。捉到猎物后，鹭会扬起脖子，咕噜一声把猎物整个儿吞掉。

先压碎再吞咽

拥有喙的动物不光是鸟类。章鱼和鱿鱼都长着鹦鹉似的喙，捉到猎物以后，它们会用触手把美食送到嘴边用喙压碎，再一点点咬食。

"舀"起来再吃

鸟类的喙通常十分坚硬，鹈鹕却是个例外。鹈鹕的喙带有一个可以张开的"口袋"，能容纳约 11 升水，所以它可以从湖里"舀"起一大瓢水，把里面的鱼儿干掉。

鲨鱼的牙齿看起来非常恐怖，如果凑近一点，你会发现这些牙齿的形状和大小并不相同，它们各有分工。

撕扯

大白鲨的牙呈锯齿状，适合撕扯大型猎物身上的肉，例如海豹和海豚。

牙齿没用了吗？

有些鲨鱼的牙齿只是摆设，比如说，鲸鲨和姥鲨都是滤食性动物，它们会利用鳃上的刚毛过滤海水里的浮游动物，然后将食物囫囵吞下去——完全用不上牙齿。

叼紧猎物

某些鲨鱼，例如沙虎鲨的牙齿又尖又长，向内弯曲，正适合叼住滑溜溜的鱼儿。

北美棕熊俗称灰熊，它可是出色的渔夫呢。

2
先扑倒，
嚼一嚼，再吃掉

大家各显神通

北极狐

掠食者的生活并不轻松，它们可没法像人类一样去杂货店买食物，野外的猎物也绝不会坐以待毙，所以对它们来说，填饱肚子是个生死攸关的难题。每种猎物自有保命的看家本领，为了抓住它们，掠食者也得各显神通。这是一场永不结束的战斗，隐藏、寻觅和扑击是它的主题。

看不见我吧！

伪装是许多猎物的天性。蛾子身上的花纹和树干上的相似，蛙的体色和水藻的颜色一模一样，这都是为了隐藏自己，逃脱被捕食的命运。掠食者同样会玩这个把戏。到了冬天，北极狐的皮毛就会变得雪白，在冰天雪地的背景里，野兔很难发现它的踪迹。尖吻鲭鲨背部呈银灰色，和海床的颜色相似，它悄无声息地从鱼群下方游过，完全不露行踪。叶尾壁虎的名字很好地体现了它的特征——这种爬行动物的尾巴看起来就像一片树叶，它可以安心地藏在树上，一旦有昆虫经过，它就能饱餐一顿。

叶尾壁虎

鳄鱼

守株待兔

比起跟踪和追逐，有的掠食者更喜欢藏起来等待猎物自投罗网，很多爬行动物尤其钟爱这种方式。鳄鱼的背上覆盖着凹凸不平的鳞片，这其实是一种伪装，让它们看起来像是一段浮在水面上的木头，完全不会引起猎物警惕。一旦有猎物靠近，它们就会一跃而起！某些蛇类（例如沙蟒）会把一部分身体埋在沙子里，伏击路过的老鼠。伏击消耗的能量远小于追逐，所以用这种方式捕猎的掠食者不需要频繁进食。有的爬行动物饱餐一顿就能管几天、几周甚至几个月。

螲(dié)蟷(dāng)

陷阱和诡计

精致的蜘蛛网看起来相当漂亮，但它本质上是蜘蛛捕食的陷阱。黏糊糊的蛛丝会缠住昆虫和其他小动物，随后蜘蛛就会赶来，痛下杀手。不过，并不是所有蜘蛛都靠织网来捕猎。比如这种叫螲蟷的蜘蛛就会在泥土里挖洞，然后用自己的蜘蛛网或者泥巴、植物等材料把洞口封起来。它会待在洞里，耐心等待美味的食物送上门来。猎物一旦落入陷阱，就会被螲蟷拖走吃掉。

长尾虎猫是南美洲雨林里的一种小型野生猫科动物。科学家认为，这种动物可以发出猴子似的叫声，当猴子闻声前来探查，长尾虎猫就会毫不犹豫地扑上去。

长尾虎猫

原来你在这里！

猎物想尽办法隐藏自己，但掠食者也有觅食的看家本领。

回声定位

蝙蝠利用声波来寻找猎物。它们会发出高频声波，然后通过回声精确锁定猎物的位置。

普通长耳蝙蝠

距离感知

很多掠食者的眼睛长在头部正面，因此它们的视野较窄、更集中于身体前方；不过，长在头部正面的眼睛也赋予了猎手更棒的距离感知能力，让它们能够更好地判断猎物远近，所以美洲狮精确地知道自己扑出去多远才能抓住猎物。

美洲狮

听觉

有的鸮类一只耳朵的位置比另一只略高，声音传到两只耳朵的路径也就不同。这让它们能够更好地判断声音传来的方向。所以仓鸮单靠听力就能准确地抓住地上的老鼠。

仓鸮（猴面鹰）

触觉

猫科动物脸上的胡须可不是摆设，它们可以帮助主人捕猎，尤其是在晚上。跟踪猎物时，胡须刷过周围物体，能够帮助猫科动物感知周围的环境，让它们避开障碍、抓住猎物。

猎豹

嗅觉

这个世界上充满了我们闻不到的气味。很多掠食者依靠嗅觉锁定猎物，例如蛇类。蛇在"咝咝"吐芯子时，实际上是在利用舌头搜集气味粒子，判断周围是否有猎物靠近。

缅甸蟒

掠食者的小秘密 海马是一种掠食动物，它会利用口鼻部吸食甲壳纲动物的肉。

鬼鬼祟祟！

发现猎物以后，接下来是又一个挑战——掠食者必须亲自捕捉食物。要完成这个目标，它们有很多手段。有的掠食者擅长出其不意，经常发起突击；有的喜欢依赖团队，或者以强大的力量压倒对手；还有的靠速度和狡黠取胜。即便如此，掠食者捕食成功的概率依然不高。比如说，狮子单独捕猎时，成功的概率大概只有六分之一。

猎豹

潜伏突击

哺乳动物是温血动物，它们需要消耗很多能量来维持体温的相对恒定。大部分哺乳动物每天都需要捕食，但要想获得成功，必须有所计划。野生猫科动物以擅长潜伏著称，例如北美短尾猫、美洲狮、猞猁和山狮。脚掌上的肉垫让这些大猫可以悄无声息地跟踪猎物，等到距离足够近的时候，再猛然发起攻击。北美短尾猫可能潜伏在树上，其他野生猫科动物更喜欢躲在高高的草丛里，例如猎豹。这套把戏的关键在于尽量靠近猎物，再利用速度完成突袭。

日本大黄蜂

数量为王

有时候掠食者需要依靠团队的力量，所以狼、狮子、海豚和鬣狗都喜欢成群结队。小小的昆虫一旦聚集成群，也能拥有毁灭性的力量；一大群兵蚁能够猎捕比自己大得多的其他虫子和鸟类。日本大黄蜂也会围攻猎物，几十只拇指大小的大黄蜂足以战胜成千上万只小蜜蜂。然后胜利者会将猎物的尸体带回窝里，喂养自己的孩子。

掠食者的小秘密 北极熊的爪子锋利而强壮，它一挥爪子就能杀死一只海豹。

蟒鳄大战

速度比拼造就了动物世界里最惊心动魄的追逐，但由力量主宰的战斗也同样荡气回肠。蚺和蟒喜欢用肌肉发达的身体勒死猎物，它们会紧紧缠住对手，慢慢收缩身体，让猎物窒息而死。最不可思议的是，有的蛇（例如水蚺）能够猎捕大型动物，就连顶级掠食者凯门鳄也不是它们的对手。这两种"碾压机"之间的战斗可能持续好几个小时。

非洲岩蟒缠住了一条尼罗鳄。

轰走敌人！

游隼是地球上飞行速度最快的动物。和其他猛禽一样，游隼拥有一流的视力，可以在高空中飞翔，完全游离于猎物警觉的目光之外。游隼从高空俯冲而下的冲击力足以震晕猎物，甚至直接将猎物置于死地。

游隼

血盆大口

鲸鲨和姥鲨是地球上体形最大的两种鱼，但它们的食物小得不能再小。真是不可思议！这两种鲨鱼都是滤食性动物，它们张开血盆大口在海洋里游弋，涌进嘴里的不光是海水，还有一些小得看不见的浮游生物。然后鲨鱼闭上嘴巴，通过鳃排出海水，鳃上的刚毛会把浮游生物过滤出来留在嘴里吃掉。须鲸也是滤食性动物，它没有牙齿，全靠嘴里的须把食物从海水里过滤出来。

须鲸

猎物如何避开掠食者

伪装

为了逃避天敌，动物会伪装成其他东西。比如说，螽（zhōng）斯（蝈蝈）看起来就像是一片树叶。

曲折前进

野兔在面临危险时会跑出"Z"字形路线，让猎手难以捕捉。

以耐力取胜

在很短的距离内，猎豹肯定跑得比瞪羚快。但只要撑过最初的几秒，瞪羚就能靠耐力摆脱天敌。

爬树

一般而言，猎物总是比掠食者更小、更轻。所以在高高的树冠上，体形小巧的猴子完全不用害怕身体沉重的巨蟒。

钻地

穴居动物喜欢在自己挖出的洞里奔跑，而这些洞的尺寸通常和它们自己的体形正好相称，所以只要钻进洞里，体形更大的掠食者就很难追上它们了。

装死

有的动物在遇到天敌时会装死，例如主要产自拉丁美洲的负鼠。面对一些喜欢吃活物鲜肉的掠食者时，这种方法非常有效。

膨胀

掠食者的体形通常比猎物大，不过某些动物在必要的时候会把自己"吹胀"，让掠食者没法一口吞掉。河豚就是这方面的专家。

放哨

狐獴是群居动物。一大群狐獴在草地上玩耍或者捕食昆虫的时候，总会派出几个"哨兵"。一旦发现危险，"哨兵"立即就会叽叽喳喳地叫喊起来，然后整群狐獴会钻进地洞里。

秀出你的锋利爪子

很多掠食者都长着锋利的爪子。利爪是掠食者的武器，能够帮助它们抓住猎物完成杀戮，然后快速高效地吃掉猎物。不过，不同的掠食者使用爪子的方式也不尽相同。

碎骨利爪

猛禽的爪子就像我们的手指一样灵活。鹰爪的长度可在5厘米以上，猛禽的爪子不光很锋利，抓握力也相当惊人。科学家相信，猛禽的抓握力至少比人类强10倍。这样的利爪真的能捏碎骨头，所以野兔和蛇之类的猎物一旦被鹰抓住，就很难逃脱。

探险角

有的掠食者会咬死猎物，然后把尸体叼到树上藏起来，以免被其他掠食者偷走。很多人以为会爬树的掠食者只有美洲豹，但实际上，狮子也是爬树的高手！在肯尼亚的桑布鲁，我们经常看到小狮子爬到树上玩耍。有一天我甚至看到一只巨大的雄狮（它名叫洛里希）爬到了一棵吊灯树上！不过它很快就被困在了树顶附近，好不容易才跳下来。

我来挖个洞吧

毫无疑问，狗是挖洞的高手，不过和獾类一比，它们立即相形见绌。獾的体形或许比不上大部分狗，但它们的爪子更长，四肢也更加有力。只需要一分钟，獾就能挖出一个足够容纳自己的地洞。这门技术相当实用，尤其是在捕食穴居动物，例如草原土拨鼠和野兔的时候。无论猎物在哪里，獾都能闻到它们的气味，然后开始挖洞逼近猎物。

爪子的多种用途

只要见过家里的宠物猫（或者狗）给它们自己挠痒痒，你应该很容易明白爪子有多实用。那么其他掠食者的爪子又有什么用途呢？

- 爬树，甚至追着猎物爬到树上
- 抓紧猎物
- 面对体形比自己更大的掠食者时，爪子也是防御的利器
- 撕开猎物的身体以便进食
- 拍晕或重重击打猎物

大钳子抓住你

有时候掠食者不需要杀死猎物，只要抓紧就够了。螃蟹和蝎子没有爪子，但它们的钳子同样管用，可以紧紧抓住猎物，再送到嘴边一口口吃掉。

爬树

抓紧猎物

掠食者的小秘密 除了猎豹以外，其他猫科动物的爪子都可以自如地伸缩。

认识利齿之王

说起鲨鱼和蛇，你是不是会立即想到利齿和毒牙？可怕的牙齿正是它们最致命的武器！人类的牙齿主要用来咀嚼食物，但掠食者锋利的牙齿和强壮的下颌还能帮助它们顺利地杀死猎物。让我们来看看下面这些利齿之王吧，其中有的动物或许会让你大吃一惊！

可怕的蛇牙

蛇牙分为两种。毒蛇的牙齿通常是中空的，或者带有沟槽，能将毒液注射入猎物体内。蟒蛇通常没有毒，它的牙是向内弯曲的，在勒死猎物的过程中，这样的牙齿可以帮助它更好地控制对手。

树蝰

这条树蝰的尖牙已经收回。

天哪，你的牙真长！

神话中的独角兽的灵感来源或许正是独角鲸。人们以为这种鲸的头顶长着一根长长的尖角，但实际上这是它的牙！独角鲸的牙齿可达 3 米长，但却不能用来捕猎，也无法帮助它进食。

掠食者的小秘密 水虎鱼又叫食人鱼，它们的牙齿看起来很可怕，但实际上，某些水虎鱼却是植食性动

细嚼慢咽

一些昆虫的下颚看起来简直像是剪刀，可以将猎物切成适合食用的小块。某些甲虫的下颚甚至能帮助它们撕开猎物的肉、吸食猎物的血液。

锹形甲虫

斗牛犬蚁

芋螺

独角鲸生活在北冰洋里，螺旋状的长牙从雄鲸的上唇向外伸出。

螺的牙像短矛

螺看起来似乎不像是掠食者，但某些螺的确是吃肉的，例如芋螺。芋螺的牙就像一支短矛，可以扎进猎物体内注射毒素。鱼类、蠕虫和其他螺类都是芋螺的猎物。有的科学家认为，螺的牙齿是自然界最坚硬的物质之一。不过螺类的牙齿和我们的不太一样，它们的牙通常很小，而且是由矿物质构成的。

独角鲸

影像艺廊

恐怖的食肉动物

世界上有很多掠食者，很难说谁才是真正的王者。有的掠食动物凭借巨无霸的体形高居食物链顶端，而有的则以凶猛著称。

鹤鸵，又名食火鸡，外形近似鸵鸟，它们生活在澳大利亚和新几内亚，这种鸟体形巨大却不会飞。作为杂食动物，鹤鸵钟爱蜗牛、蛙和果实之类的食物。锋利而强壮的爪子如匕首，能挖出动物心脏，这是鹤鸵最鲜明的特征。它属于世界上最危险的鸟类。

无论体形是大还是小，蜘蛛看起来总是让人害怕。有的蜘蛛甚至能长到人类手掌那么大，以鸟类为食，令人毛骨悚然。亚马孙食鸟蛛还长着长达3厘米的毒牙，这种凶猛强大的蛛形纲动物原产于南美洲。

蹦蹦跳跳的狼獾是森林里最难缠的动物之一。狼獾属于鼬科，外形酷似小熊。这种独居掠食者主要的猎捕对象是小型动物，但它十分凶猛，甚至能咬死比自己大几倍的鹿。

虎鲸又叫杀人鲸，它长着锋利的长牙，可以撕开海狮和海豹坚韧的皮肤。它们还会猎杀其他鲸类。

凭借超强的咬合力，湾鳄成为世界上最危险的掠食者之一。成年湾鳄在自然界里没有天敌，击败水牛和野猪不在话下。

科莫多巨蜥在追逐猎物时像机器一样冷酷而精准。这种掠食动物生活在印度尼西亚，只要有一只科莫多巨蜥咬了猎物一口，它的巨蜥同伴就会闻着血腥味接踵而至。猎物无论跑得多快、逃得多远，最终都难逃一死，因为科莫多巨蜥的毒液会大大削弱猎物的身体，直至杀死猎物。

无处不在的掠食者

一条虎鲸正在悄悄靠近岸边的一群海豹。世界上的每一片大洋里都有虎鲸的身影。

史前掠食者

你觉得顶级掠食者就是现代凶猛的巨兽，例如食人鳄和北极熊吗？那是因为你还没见识过那些史前怪兽！几千万年前，地球上生活着许多庞大而残暴的掠食动物。依靠强大的力量、伟岸的身躯，还有牙齿，它们统治着这颗星球的天空、大地和海洋。

超级鳄鱼

　　鳄鱼是现代体形最大的爬行动物，它们的体长可达6米，体重可达约半吨（454千克）。不过史前时代的爬行动物体形更加惊人。大约在1.1亿年前，地球上生活着一种长相酷似鳄鱼的史前动物——帝鳄，它的外号就叫"超级鳄鱼"。这种动物体长可达12米，牙齿足有30厘米长。帝鳄主要以鱼类为食，不过有时候它也会捕食小恐龙。

超级大猫

　　史前时代的猛兽似乎都以"大"而著称，比如说，剑齿虎的牙齿就大得惊人——从它的名字就可看出。这种巨型猫科动物的犬齿能长到18厘米长，是一般现代大型猫科动物牙齿长度的2倍以上。这样的利齿十分适合撕扯史前猎物身上的肉。

犬齿

掠食者的小秘密 翼龙能飞，但它和鸟类没有任何亲缘关系。

陆地霸主霸王龙

雷克斯霸王龙是最可怕的掠食性恐龙之一。实际上，这种凶猛的怪兽也是地球上生活过的体形最大的食肉动物之一。霸王龙的牙齿长达20厘米，这是它非常重要的武器。如果猎物被霸王龙一口咬住，最后多半会难逃一死。

鱼龙

雷克斯霸王龙

海洋之王

史前时代的海洋里充满危险——这里的大部分动物都长着锋利的牙齿，胃口也好得出奇。比如说，鱼龙体长可达9米，游泳技艺高超，主要以鱼类、章鱼和其他一切能被它追上的动物为食。

巨型短面熊

这种猛兽生活在大约11000年前，现代的灰熊在它面前只能算是小不点。巨型短面熊的直立身高可达3米，体重可达1吨；它还是跑步健将，因为腿很长，追逐鹿和野牛的时候，它奔跑的速度可能达到64千米/小时。

巨型短面熊

天空之主

雷克斯霸王龙统治着史前世界的大地，翼龙则是那个年代的天空之主。这种长翅膀的恐龙翼展可达12米，比喷气式战斗机还宽。它会从空中俯冲而下捕捉淡水鱼，有时候它也会吃动物的尸体。

翼龙

陆地掠食者

有些陆地掠食者野性难驯、强大无比，例如狮子和熊；但是有的掠食者就生活在你身边，比如说宠物猫！

黑猩猩

武装待命

灵长目动物是地球上最聪明的动物之一，智慧赋予它们使用工具的能力。科学家曾见到黑猩猩用树枝掏白蚁窝。当然，我们人类是灵长目最聪明的成员。人类的速度和力量或许比不上其他陆地掠食者，但我们拥有智慧，而且发明了很多捕猎工具，例如鱼竿、步枪以及陷阱。

毛茸茸的淘气包

我们周围生活着一些危险的陆地掠食者。和那些大块头的猫科动物表亲一样，家猫也是捕猎的专家。据估计，全世界的家猫每年大约会杀死数百万只鸣禽。所以，当你放任你家的猫咪去后院玩耍的时候，请你务必记住这一点。狗天生就喜欢聚集成群，就像它们的表亲狼一样。而且很多狗狗拥有捕猎的天性，它们会本能地追逐野兔、松鼠和其他一切蹦蹦跳跳、毛茸茸的小动物。有时候，狗群甚至会追逐一头鹿，人们也发现过狗群袭击牲畜的事件。

探险角

狮子会频繁地捕猎。我曾亲眼见过狮子杀死大大小小的猎物，包括非洲野猪甚至长颈鹿！狮子也是食腐动物，它们会吃野外的动物尸体。我曾经见到一群狮子啃食野外自然死亡的大象，这具庞大的尸体让它们吃了一个多星期。狮群紧紧围绕在尸体周围，有的狮子甚至往大象的肚子里钻。

下面是第 7 页我提出的那个问题的答案：当时我正在拍摄非洲野犬，这是一种濒危掠食动物。

家猫会本能地捕捉鸟类、啮齿动物甚至昆虫。

黏糊糊的舌头

并不是所有掠食者都会跟踪猎物，火蜥蜴和蛙类只是等待食物送到嘴边，然后猛地弹出舌头，就能美餐一顿。它们吐舌头的动作极快，而且舌头上还有黏液。

灵敏的鼻子

有时候敏锐的嗅觉比视觉更加有用，尤其是在猎物采取了伪装或者距离很远的时候。你很难骗过动物灵敏的鼻子。掠食者往往在相隔距离较远之处、看到猎物之前就已闻到对方的气味，这也意味着猎物很难发现天敌的到来。因此，掠食者可以利用这个机会悄悄靠近猎物，然后发起突袭。狼和狗的嗅觉都很灵敏，但熊的嗅觉比它们更强。熊类的大鼻子里有成千上万个嗅觉感受器。

摇一摇

不少动物的感官和我们人类的很不一样。比如说，蛇没有耳孔，所以它们无法接收声波，但这并不意味着蛇类都是聋子。恰恰相反，声波会使蛇的颅骨轻轻摇晃，蛇能够将这样的振动转化成声音。蛇还能感受到地面的振动，并由此判断周围是否有危险，或者食物是否近在咫尺。

树蝰

掠食者的小秘密 瓢虫也是掠食者，它们以蚜虫为食。

海洋掠食者

地球上超过 **70%** 的面积被水覆盖。有的地方海水有好几千米深，漆黑的深海为各种各样的海洋生物提供广阔而多样的栖息地。海洋如此辽阔，简直就像另一颗星球，深海里还藏着许多秘密等待人类去探寻。许多致命的、最有趣的掠食者就藏在辽阔的大海之中。

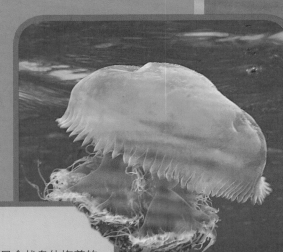

水母

别碰水母

水母非常美丽，但它也是世界上的致命生物之一。水母伞状身体拖着的触手上长满了刺细胞，鱼、蟹和虾被蜇以后就会陷入昏迷或瘫痪，沦为水母的食物。水母不会主动袭击人类，但有时候也会误伤。被水母蜇一下会很疼，箱型水母的毒素甚至可能致人死亡。

鮟鱇

长得很丑的深海掠食者

深海里漆黑一片，完全没有亮光。这或许是件好事，因为深海里的某些动物看起来真的很丑——例如蝰鱼和齿口鱼。这些鱼体长不到 30 厘米，但十分凶猛。由于周围漆黑一片，它们根本无法看到猎物，某些掠食性鱼类就想出了一个聪明的办法来引诱猎物。左图中的鮟鱇（琵琶鱼）的头上长出一根"棍子"，棍子末端会发光，吸引小鱼虾送上门来。

掠食者的小秘密　魟（hóng）鱼会用尾巴上的棘刺自卫。

大白鲨

大白鲨嘴里长着好几排锯齿状的尖牙，总数超过300颗。它们主要以海狮、海豹和小型鲸类为食。

凭借"第六感"锁定猎物

当然，我们都知道鲨鱼是危险的猎手，但很少有人知道，鲨鱼依靠的不光是惊人的速度和锋利的牙齿。实际上，"第六感"会帮助鲨鱼锁定猎物的位置，它们的口鼻部附近长着一种名叫"劳伦氏壶腹"的感受器，能够探测到微弱的电流——也就是其他动物肌肉运动时释放出的能量。所以，哪怕是在昏暗的海水里，鲨鱼也能准确地找到猎物。锤头鲨的头部很宽，它的"劳伦氏壶腹"也是所有鲨鱼中最发达的，这种鲨鱼甚至能发现埋藏在沙子里的魟鱼。

电鳗

电鳗

毒刺和利齿是许多海洋掠食者的常见武器，电鳗却另有一套看家本领。电鳗能够释放高达600伏的电压，差不多是家用壁式插座电压的3倍，足以击晕附近水域中的鱼和其他动物。然后电鳗就能饱餐一顿了。

你家的**宠物金鱼**也是掠食者！金鱼一般不挑食——只要能吞下去就行。金鱼的食物包括**昆虫、小鱼、蠕虫**和**小型甲壳纲动物**。

飞行掠食者

很多鸟类或许是天空的主宰者，但它们并不是空中唯一的掠食者。蜻蜓、甲虫、黄蜂和苍蝇之类的昆虫都有翅膀，它们也需要捕猎。下面就是几种嗡嗡飞舞的奇妙掠食者。

蜻蜓

食猿雕

夺命蜻蜓

我们总觉得会飞的昆虫很多是害虫，例如苍蝇，但蜻蜓却是益虫，因为它们会吃掉蚊子之类携带病菌的害虫。蜻蜓是飞行大师，它们可以在空中自如地转向，甚至可以悬停在原地，捕捉半空中的害虫。

吃猴子的鸟儿

食猿雕会捕食猴子。这种鸟儿体形庞大、性情凶猛，是猛禽中的佼佼者。有时候食猿雕会成群结队地捕猎，一只食猿雕蹲在树枝上吸引猴子的注意力，其他同伴从空中飞扑而下捕捉猎物。有时候食猿雕也会捕捉狐猴和巨蜥。

掠食者的小秘密 蝙蝠并不是"瞎子"，很多蝙蝠的视力和人类的不相上下。

假吸血蝠

天哪，你的耳朵真大！

如果你有胆量近距离观察蝙蝠，你会发现它们的耳朵真的很大，和小小的头比起来完全不成比例。蝙蝠的耳朵就像雷达，可以敏锐地捕捉它自己释放的声波。声波在半空中遇到飞行的昆虫会反弹回来，蝙蝠就能借此锁定猎物的位置。我们应该感谢这些毛茸茸的飞行动物——一只蝙蝠一晚上就能吃掉好几百只蚊子。

后院里的掠食者

看看你家后院或者附近的公园，掠食者无处不在。不远处的木头堆里或许就藏着蛇和蜥蜴，它们以鼠类和虫子为食。不过我们周围最常见的掠食者可能是鸟儿，比如鸣禽。画眉、八哥、黄鹂等鸣禽拥有婉转的歌喉，除此以外，它们还会吃掉很多虫子，帮助维持生态平衡。

东方蓝知更鸟

东方蓝知更鸟是一种常见的庭院鸟类，它喜欢吃昆虫和其他无脊椎动物，也会吃坚果。

食猿雕的翼展可达 2.1 米，体重可达 6.4 千克。

超级比一比

和猛兽比比看！

如果你觉得这本书里介绍的猛兽还不够可怕， 那么不妨跟它们比一比吧，看看谁更厉害。下面的竞赛或许会让你改变主意。

看谁跑得快

很多掠食者会悄悄靠近猎物，然后凭借速度对毫无防备的猎物发起突袭。猎豹是速度最快的陆地动物之一。如果你是跑步健将，那么你也许能在 20 秒内跑完 100 米，但猎豹只需要 4 秒钟就能跑完。

看谁力气大

蚂蚁的个头很小，但它的力气却大得可怕。蚂蚁能够搬动自身体重 3 倍以上的东西，想象一下，你背着 3 个体重差不多的小伙伴走路会怎么样？

谁的牙更厉害

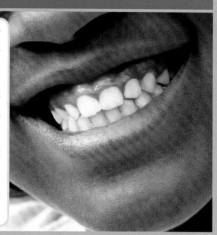

猫科动物以锋利的犬齿著称——它们的嘴里有两对突出的尖牙。老虎之类的大型猫科动物的犬齿长度可达8厘米，这还没算埋在牙龈里的齿根。人类也有犬齿，它就长在你的门牙旁边，末端也有一点尖；但我们的犬齿长度只有1厘米，完全无法跟猫科动物的相提并论。

攥紧你的食物

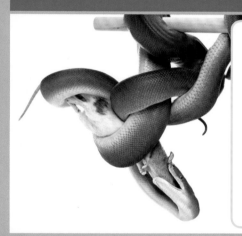

蚺和蟒之类的绞杀型蛇会紧紧"抱住"猎物，直至对方窒息而死。它们用肌肉发达的身体勒住猎物，然后用力收紧，阻止猎物体内的血液流动。想想看，要是你每次吃饭的时候都得这么用力地攥紧食物，那该多费劲。

伸出你的舌头

变色龙的舌头弹射力十分惊人，它们会用舌头作为武器，捕捉树枝上毫无防备的昆虫。有的变色龙舌头比身体还长，要是换成你的话，那你的舌头就得垂到地面上了，好可怕吧。

4

掠食者的秘密

大部分秃鹫是食腐动物，例如图上这只王鹫。王鹫生活在中美洲和南美洲，从小小的蜥蜴到庞大的家畜的尸体，它们什么都吃。

影视剧中的掠食者

或许正是靠着闪电般的速度、足以碾碎骨头的利嘴和威猛的外貌，掠食者的形象早已渗入我们的故事、寓言和动画片中。

电影中的掠食者

有的掠食者已经成为书本和电影中的著名角色，你能猜到下面描述的这些动物分别对应右侧的哪个角色吗？

1 它出自作家A.A.米尔恩笔下，喜欢吃蜂蜜。

2 这只聪明的动物已经诞生一百多年了，它最初出自鲁德亚德·吉卜林的一部作品。

3 这个掠食者是国王的儿子，它逃避自己的过去。

4 这个可爱的掠食者希望自己拥有勇气。

5 它的家族以残酷而著称，它却拒绝成为杀手。

胆小狮

卡阿

A 在1939年版的《绿野仙踪》里，胆小狮帮助桃乐丝找到翡翠城。这部电影改编自L.法兰克·鲍姆的一本童话。

B 卡阿是《森林王子》里描绘的一条亚洲岩蟒。

掠食者的小秘密

《森林王子》里的一个故事讲述的是：一只猫鼬从一窝眼镜蛇的利齿之下救出了一家人。

答案：1.C 2.B 3.E 4.A 5.D

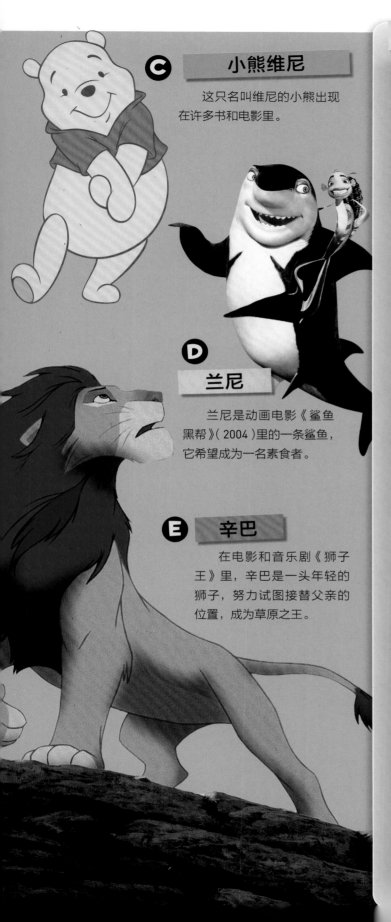

C 小熊维尼

这只名叫维尼的小熊出现在许多书和电影里。

D 兰尼

兰尼是动画电影《鲨鱼黑帮》(2004)里的一条鲨鱼,它希望成为一名素食者。

E 辛巴

在电影和音乐剧《狮子王》里,辛巴是一头年轻的狮子,努力试图接替父亲的位置,成为草原之王。

猛兽掠影

鲨鱼恐怖片

1975 年的电影《大白鲨》和它的续作实在是震撼人心,很多人因此对水产生了恐惧。在这个系列的电影里,大白鲨被描绘成庞大凶残的杀戮者。不过,请不要相信电影里的情节!的确,大白鲨体长可达 6 米,可以轻易杀死猎物,但你不用太担心——因为人类根本就不在它的食谱上。鲨鱼通常不会主动袭击人类,除非它把你看成别的东西。每年能够确认的鲨鱼袭击事件不超过 100 起,其中致命的事故更是寥寥无几。

海怪还是巨型章鱼?

千百年来,恐怖掠食者的故事一直在神话里流传,其中海怪的形象就颇具代表性。在希腊神话中,英雄珀尔修斯从海怪手里救出了一个女人,故事里的海怪长着无数触手。在儒勒·凡尔纳的小说《海底两万里》中,尼莫船长驾驶的"鹦鹉螺"号也遭到了一只巨型章鱼的袭击。传说中的海怪源自哪里?很可能是很久很久以前,古人看到过一只被冲上岸的巨型章鱼尸体,因此把它想象成了海怪。要知道,最大的章鱼能有 9 米长。

哔哔鸟和可怜的郊狼

几十年来,一代又一代的孩子深爱着动画片里的威利狼,但这绝不是因为人类喜欢郊狼,而是因为动画里这个可怜的掠食者一次又一次地试图抓住哔哔鸟,却总也无法成功。看到倒霉的威利狼,我们总是忍俊不禁。和前面提到的大白鲨和巨型章鱼不同,动画片里的郊狼完全没有现实世界里那么可怕。现实中的郊狼是非常狡诈的掠食者,十分擅长捕捉机会。它们会追捕猫、狗等小型动物。而且郊狼的速度很快,哔哔鸟根本不可能跑得过它。

你最像哪种掠食者？

掠食者的捕食方式常常让人大开眼界。如果你拥有它们的特殊能力，将会怎么样？做一做下面的小测试，看看你最像哪种掠食者。

你最像哪种掠食者？

1 你喜欢哪种进食方式？

A. 你最爱在海边的小酒馆里独自进餐。
B. 有时候你喜欢呼朋唤友去外面吃饭。
C. 不要钱的饭最好吃，你从不会拒绝免费的午餐。
D. 你经常会点一个有很多肉的外卖比萨，然后一个人把它吃光。

2 朋友眼里的你是什么样子？

A. 你深爱自己的家人，不过有时候你也想一个人待着。
B. 无论是孤身一人还是成群结队，你总能找到正确的方法把事情办好。
C. 大部分时候你愿意和大伙儿待在一起。
D. 无论处境是好是坏，只要没人打扰，你就觉得生活很美好。

3 你理想中的完美假期是什么样的？

A. 一定要在水边，最好是冬天，这样你就可以去滑雪或者溜冰啦。
B. 去森林里露营，或者其他能够亲近大自然的地方。
C. 假如能让你展翅翱翔就最好了。
D. 如果是夏天的话，你想晒晒太阳；而要是在冬天，你只想裹在暖和的被子里面。

4 你觉得自己的脾气如何？

A. 狂暴——只要有人惹了你，你一定会猛烈反击。
B. 你会拼尽全力捍卫自己，但要是有可能的话，你会尽量避免冲突。
C. 脾气？那是什么？你一向很冷静。
D. 你发火之前总会一再警告别人。

5 你喜欢什么样的衣服？

A. 白色。无论哪个季节，你都偏爱浑身上下一片白。
B. 你喜欢庄重的深色，例如灰色和棕色。
C. 整洁的一身黑！
D. 你喜欢随性的颜色。

如果你选择的"A"最多：如果待在房间里，你的一身白衣会跟墙壁融成一片。你就像北极熊一样不太喜欢社交，和家人却很亲近。周围的人都清楚你的脾气，他们会避免激怒你。

如果你选择的"B"最多：你像灰狼一样喜欢呼朋引伴，不过有时候你也需要一点独处的时间，这样你才不会向身边的人乱发脾气。你愿意和小伙伴一起畅享自助餐，但他们最好不要偷偷吃掉最后的那个鸡翅！

如果你选择的"C"最多：你好啊，红头美洲鹫！你是一只聪明的鸟儿，绝不会放过任何一丝觅食机会。你随时随地在寻找免费的午餐，要是真的找到免费的大餐，伙伴们就会赶来和你一起分享。

如果你选择的"D"最多：你像响尾蛇一样热爱吃独食。你生性低调，喜欢隐藏在周围的环境中，而且绝不会主动去找麻烦。不过要是真的碰上什么事儿，你会毫不犹豫地发出警告，对方如果还不当回事，你就会狠狠教训他。

掠食者的小秘密 响尾蛇会直接生下幼蛇，而不用产卵。

真相与传说

掠食者的诸多传说早已流传多年，故事的来源通常是某个人声称自己近距离遭遇猛兽袭击，然后幸运地活了下来。这些亲历者通常都吓得够呛，在恐惧的驱使下，他们讲的故事不免夸张离奇。人们总会情不自禁地添油加醋，好让故事变得更加精彩。不过，就算是最离奇的传说也有一些现实的基础，你知道下面的说法哪些是真相，哪些是传说吗？

Ⓐ 狼会对着月亮嚎叫。

Ⓑ 大型猛禽能掳走小孩。

Ⓒ 动物的毒素有药用价值。

Ⓓ 东部郊狼是狼和郊狼的混血后代。

Ⓔ 如果遇到熊，你可以爬到树上躲避。

A. 传说

狼发出嚎叫是为了联系同类。它们的叫声通常是在说"喂，我在这儿！"或者"这是我们的领地"。没有任何科学证据表明狼会对着月亮嚎叫，尤其是考虑到月亮根本不会有任何回应。

B. 传说

鸟类的骨头是中空的，所以它们才能保持较轻的体重，不会从天上掉下来。哪怕是最强壮的鸟儿最多也只能携带三四千克的物品飞行。虽然食猿雕能够叼走小猴子，但人类婴儿对它们来说太重了，猛禽根本无法叼走。

C. 真相

科学家利用蛇毒来制造抗毒血清——如果有人被毒蛇咬了，这种血清能救命。与此同时，科学家还在研究蜘蛛、蝎子和蛇等动物的毒素是如何起到抵抗癌细胞作用的，希望能由此找到治疗癌症的方法。

D. 真相

东部郊狼是东部红狼和郊狼的混血后代，体形比郊狼大，但比狼小。这种动物喜欢在美国东北部和加拿大南部的荒野林地里成群结队地狩猎。

E. 传说

凭借短而弯曲的爪子和强壮的四肢，熊都可以爬树，尤其是幼熊和较年轻的成年熊。如果真有必要（比如说为了追逐猎物），就连体形庞大的灰熊和北极熊都能爬树——只要那棵树不被它们压倒。就算爬不上去，熊也完全可以把树推倒。所以，别指望爬树可以逃脱熊掌，它们可是高手呢。

掠食者的小秘密 鳄鱼的泪腺位于喉咙附近，所以咀嚼食物的动作会让鳄鱼流泪。

碰到掠食者怎么办？

现在你已经知道，掠食者各有各的看家本领。但也不用害怕，只要离得够远，你依然可以欣赏它们的美丽。自然界里每一天都充满着生死存亡的争斗，除了捕猎技巧以外，掠食者还拥有五花八门的保命绝技。世界上到处生活着危险的掠食者，包括蜘蛛、蛇、郊狼和灰熊。也许某一天，你就会与猛兽不期而遇，请记住那句老话："别去招惹熊！"你得提高警惕、保护自己，不要让自己身处险地。大部分情况下，掠食者不会主动攻击我们，但如果它们感觉自己受到威胁，那就难说了。下面这些注意事项可以帮助你应对某些常见的掠食者。

熊出没！

熊看起来可能十分可爱，但你千万不要试图去拥抱它们。有的熊领地意识很强，例如灰熊。靠近它甚至直视它都会被视作挑衅。一般而言，熊只有在受到惊吓时才会袭击人类，陷入惊慌的熊可能非常危险。所以在有熊出没的地方，请务必提高警惕；如果你已经看到熊的身影，请缓慢后退。要知道，只有猎物才会急着逃跑。

这是我的地盘！

掠食者的小秘密 黑熊拥有42颗牙齿。

看我像不像软皮鞋

蛇

生活在毒蛇出没地区的人们必须学会分辨毒蛇的模样。知道咬人的是哪种毒蛇，医生就能够方便地选用正确的抗蛇毒血清。很多蛇类会藏起来等待猎物，所以不管你多么小心，都有可能和它们不期而遇。幸运的是，蛇在攻击之前一般会先进行警告，例如发出愤怒的咝咝声或者摇动尾巴，这时候请立即后退！如果真的被咬，请尽快寻求医疗救助。

黑寡妇蜘蛛

鳄鱼

鳄鱼位居恐怖掠食者前列。它们体形庞大，嘴巴咬合力惊人，足以碾碎猎物的骨头。不过和应对其他动物一样，只要让它感到安全，你基本上就不会有事。如果你居住的地区有鳄鱼的栖息地，请不要擅自下水游泳。与此同时，也不要让你的宠物靠近河沟与池塘，因为鳄鱼可能出现在任何水域。如果它们真的从水边向你爬过来，千万不要走Z字形路线逃跑（虽然有人这样忠告）。恰恰相反，你应该选择最快的逃跑路线。

蜘蛛

你根本不可能避开这些令人毛骨悚然的爬虫。蜘蛛的确对人类有益（因为它们会吃掉害虫），常常碰到蜘蛛却让人不太愉快。你要先弄清周围是否有毒蜘蛛（例如棕色遁蛛和黑寡妇蜘蛛）出没，下一步则是了解蜘蛛的习性。比如说，如果这些蜘蛛喜欢藏在木头堆里的话，千万不要在房屋周围堆放木头，干家务活或者翻动木头堆的时候请务必戴上手套。

如果你生活的地区有掠食者出没，请务必多加小心，不要冒险。

美国短吻鳄

影像外一章

席瓦妮·巴拉：照片背后的故事

肯尼亚的狮子数量正在减少，主要原因有两个。首先，狮子的生活空间正在逐渐缩小，生存日益艰难。人类侵占了狮子的栖息地，在那里搭建房屋、放牧，狮群越来越难找到食物，只好袭击山羊、绵羊和牛之类的牲畜。要知道，对牧民来说，家畜就是"银行里的存款"。为了保护自己的财产，他们常常会组织起来，猎杀狮子。所以肯尼亚的狮子数量才会锐减。而在非洲其他地区，为了贩卖野味或者用狮子的骨头制药，人类毫无节制地猎杀动物，这也是导致狮子数量下降的重要原因。

我的团队实施了一系列科普教育项目，希望能够扭转目前的局面。我们鼓励人们与狮子和平共处。我们向当地人宣传狮子和狮类保育的重要意义，传授更先进的农牧技术，让他们积极主动地参与到保育行动中来。我们希望将狮子保育融入当地人的日常生活，鼓励一些勇士加入我们的行动——那些年轻的桑布鲁男人，他们的传统职责是保护家畜免遭掠食者侵袭，不过现在，这些勇士纷纷转变成为保护野生动物的大使。当地的女性也是我的工作伙伴，现在，女性在保育工作中同样扮演重要角色。不过我最喜欢的还是跟孩子们一起工作。许多肯尼亚儿童居住的地方离国家公园很近，但他们却从未近距离欣赏过野生动物，我很喜欢和他们待在一起。通过埃瓦索狮类保育项目的教育，很多孩子已成为保护野生动物的先锋，保育工作的未来寄托在他们身上。第一次看到野生狮子的时候，孩子们露出了开心的笑容，我也从中看到了希望。

照片中我正和两位勇士一起追踪一头佩戴无线电项圈的狮子。给狮子佩戴项圈是一件很重要的工作，我们可以借助项圈追踪狮子的行动，观察它们是否正在靠近村庄。

这头雌狮在夜晚闯进村庄，结果被卡在了栅栏上，身受重伤。我们请了一位专治野生动物的兽医来帮忙。狮子名叫柯法菲斯，在当地语言中，这个词的意思是"强壮的雌狮"。这个名字和它十分相称，因为短短几周后，柯法菲斯就康复了。

编后记

尊重掠食者

掠食者是大自然的重要组成部分。想象一下，没有狼的森林会是什么样子？当然，鹿应该会很高兴——因为它们最大的天敌不见了。但是，如果没有捕猎的狼群，鹿的数量会疯狂增长，超过森林的承载极限，最终植被会遭到破坏，很多鹿也只能饿死，或许比被狼吃掉的还要多得多。所以，我们必须认识到掠食者在生态系统中的重要地位。狼和大型猫科动物等掠食者喜欢捕杀兽群里年老体弱的动物，因为它们最容易被捉到。通过生与死的遴选，掠食者实际上帮助了猎物，因为这样一来，只有强壮的猎物才有可能活下来、找到配偶、生下后代。这就是优胜劣汰的道理。

顶级掠食者的数量可以帮助科学家评判某片区域生态环境是否健康。如果一个地方常常有顶级掠食者出没，那么肯定有大量的"初级消费者"和"次级消费者"作为它们的食物来源。进一步推测，当地的植被也应该很健康，才能供养这么多的食草动物。而要是某片区域的掠食者数量稀少，那么当地的整体环境可能也不容乐观，也许是遭到污染，也许是人类侵蚀了动物的领地，也许还有其他危险因素。

如果你看到一只雄鹰在头顶翱翔，或是发现一条蛇从小路上蜿蜒游过，请学会远远欣赏它们。别忘了，掠食者捕杀动物只是为了填饱肚子、喂养后代。它们的存在意味着生态环境健康。

狼是体形最大的犬科动物，它们过着群居生活，捕猎也是集体行动。狼群中的成员会互相帮助，共同照顾团队里的幼崽。

粗粗的尾巴可以帮助狐狸保持平衡，同时它也有保暖的功效。狐狸是杂食动物，它既会吃水果和蔬菜，也会吃啮齿动物（如鼠、兔）、鸟类、鱼类和蛙类。

水虎鱼锯齿状的尖牙和凶猛的撕咬力让人望而生畏。可研究者认为，水虎鱼和普通鱼类没什么两样，只是多了两排锋利的牙齿。水虎鱼又叫食人鱼，不过一般来说，它们只有在受到惊吓或者极度饥饿的时候才会袭击人类。

交互式名词解释

掠食者相关词汇

大白鲨叼着一只海豹冲出水面。

你觉得自己已经是掠食者专家了吗？检查一下本页的词语，看看你掌握了多少知识吧。请详细阅读下列词语及其含义，为自己编制一份词汇表；然后找到书中出现相应内容的页面，看看这些词语的具体用法。我们在页面下方列出了问题的答案。

1. 猛禽
猛禽又叫掠食性鸟类，它们的爪子像刀一样锋利，喙弯曲如钩，视力也很棒。猛禽会捕食其他动物。

下面哪种鸟儿属于猛禽？
A. 鸮
B. 鹰
C. 游隼
D. 雕

2. 伪装
动物身上天然的颜色或花纹，可以帮助它融入周围的环境。这是一种伪装的方式。

下面哪项是掠食者用来伪装的"道具"？
A. 尖吻鲭鲨银灰色的背
B. 鳄鱼背上凹凸不平的鳞片
C. 北极狐雪白的皮毛
D. 以上所有

3. 犬科动物
这是一系列外形类似狗的动物。

下面哪种动物不属于犬科？
A. 郊狼
B. 狐狸
C. 狼
D. 狼獾

4. 腐肉
它指腐烂的动物尸体上的肉。

为什么有的掠食者会吃动物的腐肉？
A. 吃腐肉不会遭遇反抗
B. 吃腐肉消耗的能量比捕猎更少
C. 它们更容易找到腐肉
D. 以上都对

5. 食肉动物
这是一类只吃肉的动物。

下面哪种动物属于食肉动物？
A. 黑熊
B. 大象
C. 响尾蛇
D. 吸血蝙蝠

6. 分解者
它们是分解动植物尸体的细菌和真菌，能让营养物质再次进入土壤。

分解者不会做什么？
A. 跟踪捕捉猎物
B. 让土壤变得更肥沃，帮助植物生长
C. 分解动植物尸体
D. 让生态系统变得更健康

7. 猫科动物
这是一类外形似猫的动物。

下面哪种动物不属于猫科？
A. 獾
B. 雪貂
C. 狮子
D. 长尾虎猫

8. 食草动物
这是一类只吃植物的动物。

下面哪种动物属于食草动物？
A. 黑熊
B. 大象
C. 响尾蛇
D. 吸血蝙蝠

9. 杂食动物
这是一类既吃肉也吃植物的动物。

下面哪种动物不属于杂食动物？
A. 狮子
B. 黑猩猩
C. 熊
D. 蟑螂

10. 寄生虫
这是一类生活在宿主身上，以宿主为食的动物。

下面哪种动物属于寄生虫？
A. 草蜢
B. 虱子
C. 蚊子
D. 吸血蝙蝠

11. 食腐动物
这是一类以死去的动植物为食的动物。

食腐动物会做出哪些行为？
A. 有的食腐动物会成群结队地进食
B. 它们会吃其他掠食者剩下的食物
C. 它们会追捕猎物
D. 它们会吃腐肉

12. 毒素
它是指动物注入猎物体内的有毒物质，可以麻痹或杀死猎物。

毒素通过什么途径注入猎物体内？
A. 喷吐
B. 叮咬
C. 爪子抓
D. 挤压

延伸阅读

准备在以下电影中和值得参观的地方收获更多吧！

关于掠食者的电影

儿童请注意：请在征得父母同意后观看。

《掠食者的秘密》
美国国家地理频道，2013

值得参观的好地方

美国自然历史博物馆
Central Park West at 79th Street,
New York, NY 10024-5192
www.amnh.org

澳大利亚博物馆
1 William Street,
Sydney NSW 2010
www.australianmuseum.net.au

英国自然历史博物馆
Cromwell Road, London SW7 5BD

www.nhm.ac.uk

图片来源

Front cover, Dirk Freder/iStock; **back cover,** Kayo/Shutterstock; **1** , Michal Ninger/Shutterstock; **2,** Kenneth Canning/Getty; **4,** LorraineHudgins/Shutterstock; **6,** JMx Images/Shutterstock; **7 (LOLE),** Courte sy of Shivani Bhalla; **7 (LORT),** Margaret Amy Salter; **8,** Sameena Jarosz/Shutterstock; **10,** Doug Perrine/Nature Picture Library/Corbis; **11 (UPLE),** BrettM82/Getty; **11 (LOLE),** Protasov AN/Shutterstock; **12 (LE),** connect11/Getty; **12 (UPRT),** Becky Sheridan/Shutterstock; **12 (MIDRT),** Holcy/Getty; **12 (LORT),** Eric Isselee/Shutterstock; **13 (puma),** Eric Isselee/Shutterstock; **13 (snake),** Michiel de Wit/Shutterstock; **13 (frog),** Chros/Shutterstock; **13 (bird),** Charles Brutlag/Shutterstock; **13 (squirrel),** Eric Isselee/Shutterstock; **13 (beetle),** X Pixel/Shutterstock; **13 (mushroom),** GlobalP/Getty Images; **13 (worm),** Valentina Razumova/Shutterstock; **13 (acorns),** Dionisvera/Shutterstock; **13 (flowers),** Lopatin Anton/Shutterstock; **13 (tree),** Sombat Muycheen/Shutterstock; **14,** Don Mammoser/Shutterstock; **15 (UPRT),** Joe Belanger/Shutterstock; **15 (MIDLE),** Eduard Kyslynskyy/Shutterstock; **15 (MIDRT),** Laura Duellman/Shutterstock; **15 (LOLE),** Joel Kempson/Shutterstock; **16 (UPLE),** Ken Catania/Visuals Unlimited/Corbis; **16 (MIDLE),** Margaret Amy Salter; **16 (LORT),** Joost van Uffelen/Shutterstock; **17 (UPRT),** Eric Isselee/Shutterstock; **17 (MIDRT),** Richard Whitcombe/Shutterstock; **17 (LOLE),** Kobie Douglas/Shutterstock; **17 (LORT),** A & J Visage/Alamy; **18 (UP),** Kayo/Shutterstock; **18 (LOLE),** Mark Conlin/Alamy Stock; **18 (MIDRT),** Joseph Scott Photography/Shutterstock; **18 (LORT),** Maxim Safronov/Shutterstock; **19 (UP),** Mike Parry/Minden Pictures/Corbis; **19 (RT),** Norbert Wu/Corbis; **19 (LE),** Rich Carey/Shutterstock; **20,** Antoni Murcia/Shutterstock; **22 (UP),** Mike Lane 45/Dreamstime; **22 (LO),** Daniel Zuppinger/Shutterstock; **23 (UPLE),** Paul Zahl/Getty; **23 (LOLE),** Keith Szafranski/Getty; **23 (UPRT),** KOO/Shutterstock; **23 (UPLE),** Dennis W. Donohue/Shutterstock; **23 (MIDRT),** Jan Tyler/Getty; **23 (MIDLE),** Kagai 19927/Shutterstock; **23 (LORT),** Four Oaks/Shutterstock; **24 (UP),** Ondris/Shutterstock; **24 (LOLE),** Alastair Macewen/Getty; **25,** Oliver Strewe/Corbis; **25 (MID),** Vicki Beaver/Alamy; **25 (LOLE),** Don Mammoser/Shutterstock; **25 (LOLE),** Toby Houlton/Alamy; **25 (UPRT),** Jaroslaw Wojcik/Getty; **25 (MIDRT),** GlobalP/Getty; **25,** Matt Cornish/Shutterstock; **25 (LORT),** Eric Isselée/Getty; **26 (MIDLE),** James Zipp/Getty; **26 (LOLE),** Margaret Amy Salter; **26 (LORT),** Max Allen/Shutterstock; **27 (UPLE),** Wayne Lynch/Getty; **27 (MIDLE),** Magnus Persson/Getty; **27 (UPRT),** Frank Hildebrand/Getty; **27 (LOLE),** Petri Lopia/Getty; **28 (LE),** Mark Kostich/Getty; **28 (RT),** Dave Fleetham/Design Pics/Getty; **28 (UPRT),** Miroslav Hlavko/Shutterstock; **29 (UPLE),** Auscape/Getty; **29 (UPRT),** Island Effects/Getty; **29 (LORT),** Margaret Amy Salter; **30 (LE),** Meister Photos/Shutterstock; **30 (UPRT),** John Mitchell/Getty; **30 (LORT),** Robert Postma/Getty; **31 (UPRT),** Paul Nicklen/National Geographic Creative; **31 (LOLE),** Pics by Nick/Shutterstock; **31 (LORT),** Gudkov Andrey/Shutterstock; **32,** Pablo Cersosimo/Robertharding/Getty; **34 (UP),** Michael Rosskothen/Getty; **34 (LOLE),** Sasha Samardzija/Alamy; **34 (LORT),** Valentyna Chukhlyebova/Shutterstock; **35 (UPLE),** MR1805/Getty; **35 (UPRT),** Franco Tempesta; **35 (LOLE),** Daniel Eskridge/Stocktrek Images/Getty; **35 (LORT),** Michael Rosskothen/Shutterstock; **36 (UPLE),** Eric Isselée/Getty; **36 (LOLE),** forestpath/Shutterstock; **36 (LORT),** Willee Cole Photography/Shutterstock; **37 (UPLE),** Oktay Ortakcioglu /Getty; **37 (MIDLE),** Rob Christiaans/Getty; **37 (LORT),** Steve Geer/Getty; **38 (UPRT),** Pan Demin/Shutterstock; **38 (LO),** Doug Perrine/Getty; **39 (UPLE),** Thurston Photo/Getty; **39 (LOLE),** Billy Hustace/Corbis; **40 (UP),** Hawk777/Shutterstock; **40 (LORT),** Zuma Press, Inc./Alamy; **41 (UPLE),** Ch'ien Lee/Minden Pictures/Corbis; **41 (LORT),** Paul Reeves Photography/Shutterstock; **42 (UPLE),** Dirk Freder/Getty; **42 (UPRT),** Christopher Futcher/Getty; **42 (LOLE),** Andrey Pavlov/Getty; **42 (LORT),** Joseph C. Justice Jr/Getty; **43 (UPLE),** Snap 2 Art_RF/Getty; **43 (UPRT),** Inner Vision Pro/Getty; **43 (MIDLE),** Joe McDonald/Getty; **43 (MIDRT),** Odua Images/Shutterstock; **43 (LOLE),** Cathy Keife/Getty; **43 (LORT),** Roxana Gonzalez/Getty; **44,** Four Oaks/Getty; **46 (UP),** Pictorial Press Ltd/Alamy; **46 (LO),** AF archive/Alamy; **47 (UPLE),** Art of Drawing/Alamy; **47 (MID),** AF Archive/Alamy; **47 (LO),** AF Archive/Alamy; **47 (UPRT),** Universal / The Kobal Collection; **47 (MIDRT),** die Kleinert / Alamy; **47 (LORT),** Pictorial Press Ltd/Alamy; **48 (UP),** John Pitcher/Getty; **48 (LO),** John Bell/Getty; **48 (UP),** Holly Kuchera/Getty; **48 (LO),** Holly Kuchera/Getty; **50 (LOLE),** Brasil2/Getty; **50 (UPRT),** Keith Szafranski/Getty; **51 (UPLE),** Mircea Costina/Alamy; **51 (RT),** Jamen Percy/Getty; **51 (LOLE),** Andrew Astbury/Shutterstock; **52,** Gloria H. Chomica/Masterfile/Corbis; **53 (UPLE),** Lane Lambert/Getty; **53,** Eric Isselée; **53 (RT),** Mark Kostich/Getty; **54,** Courtesy of Shivani Bhalla; **55 (UPRT),** Courtesy of Shivani Bhalla; **56,** Jim Kruger/Getty; **57 (UPRT),** David Havel/Shutterstock; **58,** John Madere/Corbis; **60,** Sergey Uryadnikov/Shutterstock

封面：野性十足的鬃毛是雄狮最醒目的标志。

安徽科学技术出版社

重磅推出

《美国国家地理 精彩少儿百科》

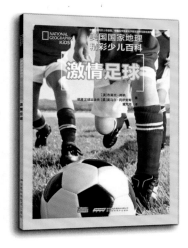

《美国国家地理 精彩少儿百科
激情足球》

《美国国家地理 精彩少儿百科
地球之外有什么?》

《美国国家地理 精彩少儿百科
你好,机器人》

《美国国家地理 精彩少儿百科
猛禽,飞翔的猎手》

《美国国家地理 精彩少儿百科
凶猛的掠食动物》

《美国国家地理 精彩少儿百科
运动无极限》

[皖] 版贸登记号：12171702

图书在版编目（CIP）数据

凶猛的掠食动物 / (美) 布莱克·赫纳, (肯尼亚) 席瓦妮·巴拉著；阳曦译. — 合肥：
安徽科学技术出版社, 2017.7
（美国国家地理. 精彩少儿百科）
ISBN 978-7-5337-7166-9

Ⅰ. ①凶… Ⅱ. ①布… ②席… ③阳… Ⅲ. ①食肉目 – 野生动物 – 少儿读物
Ⅳ. ①Q959.83-49

中国版本图书馆CIP数据核字(2017)第083745号

美国国家地理学会是世界上最大的非营利性科学与教育组织之一。学会成立于1888年，以"增进与普及地理知识"为宗旨，致力于启发人们对地球的关心。美国国家地理学会通过杂志、电视节目、影片、音乐、电台、图书、DVD、地图、展览、活动、学校出版计划、交互式媒体与商品来呈现世界。美国国家地理学会的会刊《国家地理》杂志，以英文及其他33种语言发行，每月有3800万读者阅读。美国国家地理频道在166个国家以34种语言播放，有3.2亿个家庭收看。美国国家地理学会资助超过10000项科学研究、环境保护与探索计划，并支持一项扫除"地理文盲"的教育计划。

凶猛的掠食动物
Everything Predators
[美] 布莱克·赫纳 动物学家 [肯尼亚] 席瓦妮·巴拉 著 阳曦 译

出 版 人：丁凌云	总 策 划：李永适 张婷婷	选题策划：付莉
责任编辑：付莉	特约编辑：杨晓乐	责任校对：程苗
责任印制：李伦洲	封面设计：武迪 苗薇	

出版发行：时代出版传媒股份有限公司 http://www.press-mart.com
　　　　　安徽科学技术出版社 http://www.ahstp.net
　　　　　（安徽省合肥市政务文化新区翡翠路1118号出版传媒广场 邮政编码：230071）
　　　　　电话：（0551）63533323
印　　制：北京博海升彩色印刷有限公司
（如发现印装质量问题，影响阅读，请与印刷厂商联系调换）

开本：787mm × 1092mm 1/16	印张：4	字数：100千字
版次：2017年7月第1版	2017年7月第1次印刷	

ISBN 978-7-5337-7166-9 定价：22.80元

版权所有，侵权必究